Khoobru Gilani
Zuha Mujahid
Nida Usmani

Deteção de mentiras

Khoobru Gilani
Zuha Mujahid
Nida Usmani

Deteção de mentiras

a partir de uma sequência de vídeo

ScienciaScripts

Imprint

Cover image: www.ingimage.com

This book is a translation from the original published under ISBN 978-3-659-86718-7.

Publisher:
Sciencia Scripts
is a trademark of
Dodo Books Indian Ocean Ltd. and OmniScriptum S.R.L publishing group

120 High Road, East Finchley, London, N2 9ED, United Kingdom
Str. Armeneasca 28/1, office 1, Chisinau MD-2012, Republic of Moldova, Europe
Managing Directors: Ieva Konstantinova, Victoria Ursu
info@omniscriptum.com

Printed at: see last page
ISBN: 978-620-8-57381-2

Índice

RESUMO

A mentira é inevitável na vida mecânica. As estatísticas mostram que 93% de nós mentem regular e conscientemente no trabalho. Ninguém pode escapar-lhe e quanto mais se pensa que se está livre da mentira, mais se está nela. A vida como ela é não poderia existir sem a mentira. Mas do ponto de vista psicológico, a mentira tem um significado diferente. Significa falar de coisas que não se sabe, e mesmo que não se possa saber, como se se soubesse e se pudesse saber. Há formas científicas de reconhecer a verdade, quando a ouvimos ou vemos. [18]

O objetivo do nosso projeto é propor um sistema automatizado baseado em gestos faciais que possa ser construído e que seja mais robusto e fiável em comparação com as técnicas já utilizadas para a deteção de enganos. A investigação demonstrou que, ao contrário dos testes poligráficos, a deteção do engano através de gestos é mais flexível porque não é necessário colocar sensores no corpo ou qualquer outro equipamento. Também não é necessária a cooperação do sujeito. Os seres humanos podem não ser capazes de detetar estas microexpressões que podem detetar o engano, mas os computadores podem fazê-lo devido à sua rápida velocidade de processamento.

Capítulo 1

1.0 INTRODUÇÃO

O projeto baseia-se tanto na investigação como no desenvolvimento.

No processo de investigação, o projeto centrar-se-á na identificação dos gestos faciais e das posturas da parte superior do corpo que podem ser utilizados como indicadores de engano. Para este efeito, as teorias dos psicólogos e psiquiatras podem ser úteis.

Na comunicação cara a cara, os ouvintes olham normalmente para o rosto do orador, pelo que este tenta controlar e suprimir as expressões faciais, mas não presta muita atenção aos movimentos do seu corpo. É por isso que, segundo alguns psicólogos, os movimentos do corpo podem detetar mais facilmente o engano do que os gestos. Mas o rosto tem uma ligação mais próxima a muitos dos processos subjacentes ligados à comunicação e ao engano, pelo que há mais coisas que podem ser descobertas aí. Além disso, é difícil controlar totalmente todos os aspectos do rosto, pelo que é possível recolher pistas apesar dos esforços para gerir o comportamento ou a aparência do rosto. A nossa tarefa é recolher estas pistas.

Depois de explorar estes indicadores, o foco do nosso projeto passará a ser o desenvolvimento de um algoritmo que possa detetar automaticamente o engano, utilizando estes indicadores como pistas. As competências necessárias são:

- Processamento de imagens
- Programação C/C++.

Os trabalhos realizados neste domínio incluem as teorias de Depaulo e Morris, que afirmam que os mentirosos são invulgarmente quietos e estabelecem menos contacto visual em situações de risco. Do mesmo modo, os estudos de Ekman são de grande importância neste domínio. Ekman concentrou-se nas microexpressões para detetar mentiras. Segundo ele, estas expressões duram menos de um quinto de segundo e a pessoa tenta dissimulá-las para esconder as suas verdadeiras emoções, como a culpa, o medo, a vergonha, a raiva ou o desprezo. Todas estas expressões, se forem captadas, podem ser úteis para detetar o engano. Eric Postma, um cientista holandês, processou recentemente o vídeo de Lance Armstrong para prever que ele está a mentir, utilizando os seus gestos e posturas. Assim, este trabalho torna a viabilidade do nosso projeto bastante evidente. Prova que um sistema deste tipo baseado em gestos faciais pode detetar o engano.

1.1 DECEPÇÃO

O engano, o emprego de truques ou artimanhas, é uma arte e uma ciência em partes iguais. É tipicamente definido como "fazer com que outra pessoa acredite no que não é verdade; enganar ou enredar" (Webster's, 1999). O objetivo do engano é induzir deliberadamente uma perceção errada noutra pessoa. O engano é um empreendimento deliberado; não é o resultado do acaso, nem o subproduto de outro empreendimento (McCleskey, 1991). Whaley (1982) definiu o engano como "informação destinada a manipular o comportamento dos outros, induzindo-os a aceitar uma apresentação falsa ou distorcida do seu ambiente - físico, social ou político" [19]. É uma habilidade para ocultar a verdade e uma técnica para esconder a realidade, manipulando os outros de forma a que não tenham ideia de que estão a ser enganados. É também uma arte de fazer bluff através da gestão de mensagens verbais e não verbais, a fim de enganar o recetor dessas mensagens.

1.1.1 Formas de engano

Existem diferentes formas de engano, sendo as cinco seguintes as principais: [12]

1. Mentira: Construir algo exatamente oposto à realidade.
2. Equivocações: Fazer uma afirmação indireta ou contraditória.
3. Ocultações: Esconder a informação relevante.
4. Exageros: Esticar a verdade.
5. Subdeclarações: Minimizar os aspectos da verdade.

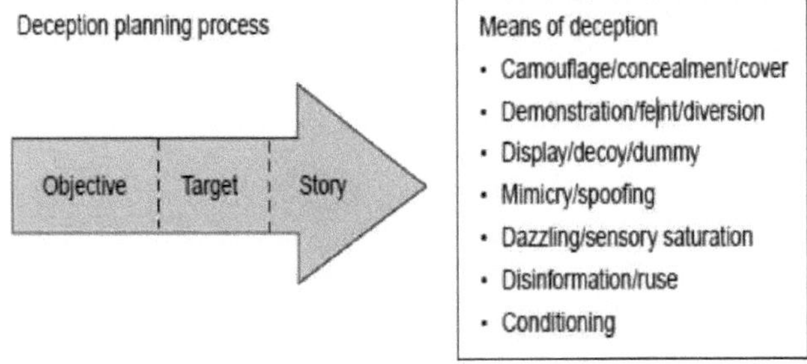

Figura I-Processo de Planeamento da Enganação

A taxonomia acima referida centra-se na forma e não na utilidade dos meios; uma alternativa seria centrar-se na sua função:

1) **Camuflagem/ocultação:** A primeira consiste na utilização de materiais naturais ou artificiais sobre ou à volta do enganador para evitar a sua deteção.

Esta última é a utilização judiciosa de coberturas e terrenos pelo enganador para se esconder da observação.

2) **Demonstração/intenção/diversão:** O ato de desviar a atenção de um alvo de uma área ou atividade escolhida pelo enganador. As demonstrações não estabelecem qualquer contacto com o adversário, enquanto as fintas o fazem.

3) **Expositor/engodo/boneco:** A colocação de uma construção natural ou artificial afastada de um enganador para representar uma entidade ou um objeto significativo para o alvo.

4) **Mimetismo/falsificação:** A utilização de uma construção natural ou artificial pelo enganador que lhe permite representar uma entidade importante para o alvo.

5) **Deslumbramento/saturação sensorial:** Sobrecarregar as capacidades de processamento sensorial do alvo com uma superabundância de estímulos. A ideia principal é aumentar o nível de "ruído" o suficiente para abafar o sinal do alvo.

6) **Desinformação/truque:** A adulteração dos meios de comunicação (impressos, electrónicos, fotográficos, etc.) transmitidos ao alvo.

7) **Condicionamento/exploração:** Ou (1) explorar um preconceito, crença ou hábito pré-existente do alvo, ou (2) gerar e depois explorar esse preconceito, crença ou hábito. Tal como referido por Collins (1997), "por muito consciente que alguém seja em matéria de segurança, há quase sempre algum aspeto do seu comportamento que se torna habitual". O facto de o hábito ser adquirido naturalmente ou induzido pelo potencial enganador antes de uma operação é incidental.

1.1.2 Razões para o engano

Porque é que as pessoas enganam na sua vida quotidiana? As motivações que normalmente estão por detrás do ato de enganar são:

1. Ganho de material
2. Fugir ao castigo
3. Manter ou retratar a autoimagem
4. Conveniência pessoal
5. Proteger a relação

Nas seguintes situações, as pessoas são mais susceptíveis de enganar:

1) Mais frequentemente sobre:

a) Os seus sentimentos

b) As suas atitudes

c) As suas opiniões

d) As suas preferências

2) Menos frequentemente sobre:

a) Acções

b) Planos

c) Paradeiro

3) Geralmente sobre:

a) Realizações

b) Falhas

1.1.3 Indicadores de engano

Os indicadores que podem ajudar a detetar o engano são

1. **Negação incompleta:** por exemplo, quando se pergunta a uma pessoa se cometeu ou não um crime, em vez de dizer que não cometeu, responde: "Porque é que o faria?

2. **Linguagem de distanciamento:** manter uma "distância" em relação a uma afirmação, quer para evitar pensar no assunto, quer para criar distância em relação ao seu conteúdo

3. **Comportamento de ataque:** por exemplo, se consumir drogas e os seus testes derem positivo, mas negar o seu consumo, irá provavelmente culpar os testes ou a metodologia de teste.

4. **Aperto de mão:** Apertar as mãos quando está nervoso

5. **Duping Delight:** Sorriso inapropriado, Dr. Paul Ekman.

Segundo ele, "o prazer de enganar é o prazer que sentimos por ter outra pessoa sob o nosso controlo e por sermos capazes de a manipular. Excitação com o desafio de mentir e orgulho em ser bem sucedido na mentira. (Discurso mais rápido e mais alto, maior utilização de ilustradores)

6. **Comportamento evasivo:** Tentativa de evitar o compromisso

7. **Pistas de pensamento:**

I. *Mentiroso mal preparado:* Incoerência na sua história

II. *Mentiroso demasiado preparado:* as suas histórias parecem ensaiadas

III. *Mentiroso despreparado:* Fala lentamente porque precisa de pensar e criar uma história

8. **Mentiroso culpado:** Olhar para baixo, Pitch mais lento, um toque de tristeza em

9. **Encolher a boca:** falta de confiança no que se está a dizer

10. Dilatação da pupila

11. Perturbações frequentes da fala (Gaguez)

12. Emoções envolvidas no engano: Culpa, medo e ansiedade

13. Fidget (comportar-se de forma nervosa ou mostrar-se inquieto)

14. Frustração

15. Menor contacto visual

16. Latências de resposta, menos espontâneas

17. Mensagens ou pistas não intencionais

18. Voz Excitação ou comportamento excessivamente reativo (tom agudo, gritos)

19. Desprezo e nojo (nariz enrugado e lábio superior levantado)

20. Aumento da taxa de pestanejo

21. Sinal de vergonha usando a mão para cobrir o rosto.

22. Movimento da íris (globo ocular):

- Até ao olhar esquerdo: se a história for construída visualmente (caso contrário, à direita)
- Construção áudio: esquerda simples

23. Esfregar os olhos ou tocar-lhes com as mãos (sinal de bloqueio da verdade)

1.2 MICROEXPRESSÕES:

As microexpressões são expressões faciais muito breves, que duram apenas uma fração de segundo. Ocorrem quando uma pessoa esconde, deliberada ou inconscientemente, um sentimento ou quando uma pessoa não sabe conscientemente como se está a sentir. Sete emoções têm sinais universais: raiva, medo, tristeza, nojo, desprezo, surpresa e felicidade. No entanto, nos anos 90, Paul Ekman alargou a sua lista de emoções, incluindo uma série de emoções positivas e negativas, nem todas codificadas nos músculos faciais. Estas emoções são o divertimento, o desprezo, o embaraço, a ansiedade, a culpa, o orgulho, o alívio, o contentamento, o prazer e a vergonha. A sua duração é muito curta, durando apenas 1/25 a 1/15 de segundo. Ao contrário das expressões faciais normais, é difícil esconder as reacções das microexpressões. [12][13]

1.2.1 Tipos

- **Macro:** as expressões normais duram geralmente entre ½ segundo e 4 segundos. Repetem-se frequentemente e adaptam-se ao que é dito e ao som da voz da pessoa.

- **Micro:** São muito breves, geralmente com uma duração entre 1/15 e 1/25 de segundo. Apresentam frequentemente uma emoção oculta e são o resultado de uma supressão ou repressão.
- **Falso:** Uma simulação deliberada de uma emoção que não está a ser sentida.
- **Mascarada:** Uma expressão falsa feita para cobrir uma expressão macro.

1.3 FERRAMENTAS E TÉCNICAS:

As ferramentas e técnicas que estão a ser utilizadas neste projeto são:

- **Algoritmos de processamento de imagem:** Digital

O processamento de imagens é a utilização de algoritmos informáticos para efetuar o processamento de imagens digitais. Permite a aplicação de uma gama muito mais vasta de algoritmos aos dados de entrada e pode evitar problemas como a acumulação de ruído e a distorção do sinal durante o processamento.

- **Linguagem C:** C é uma das linguagens de programação mais

linguagens de programação mais utilizadas de sempre, e os compiladores C estão disponíveis para a maioria das arquitecturas de computadores e sistemas operativos disponíveis.

- **OpenCV:** OpenCV (Código aberto

Computer Vision Library) é uma biblioteca de funções de programação destinada principalmente à visão computacional em tempo real, desenvolvida pela Intel.

- **Visual studio 2010:** Microsoft Visual

O Studio 2010 Professional é um ambiente integrado que simplifica as tarefas básicas de criação, depuração e implementação de aplicações.

As ferramentas e técnicas acima mencionadas são utilizadas porque cumprem os requisitos deste projeto sem qualquer complexidade.

1.4 MOTIVAÇÃO:

A motivação para a escolha deste projeto foi o facto de os psicólogos terem implementado as suas teorias de deteção de mentiras, mas apenas manualmente. Nós, como engenheiros, queremos construir um sistema automatizado integrando o trabalho deles e as nossas competências. O trabalho realizado para este projeto é novo na sua natureza. Até à data, não foi implementada nenhuma técnica deste tipo no domínio da visão por computador.

A investigação demonstrou que detetar o engano através de testes de polígrafo pode ser difícil ou pouco fiável, uma vez que estes apenas detectam reacções autonómicas. Por isso, é necessário desenvolver um sistema muito mais fiável. Além disso, outras técnicas utilizadas para a deteção do engano não são muito flexíveis, uma vez que apenas detectam reacções autonómicas, como alterações da pressão sanguínea, do ritmo cardíaco, da temperatura corporal, do fluxo sanguíneo, etc. Estas reacções podem dever-se a outras razões que não a de se estar a mentir. A pessoa pode estar sob stress ou nervosa, mas isso não significa que esteja a mentir, pelo que, segundo Ekman, estes testes são tão eficazes como o teste do ovo. Neste teste, a pessoa segura um ovo e é interrogada; se partir o ovo, isso prova que é culpada. Por isso, é necessário um sistema mais robusto e nós estamos motivados para o desenvolver.

Diversos profissionais (polícias, advogados, terapeutas e investigadores comportamentais) necessitam de competências ou conhecimentos em matéria de deteção de mentiras para poderem desempenhar as suas funções, mas são pagos para fazer o seu trabalho completo. Um dos erros mais dispendiosos que uma empresa pode cometer é empregar a pessoa errada, porque quase todas as outras pessoas mentem durante o recrutamento. O foco do nosso projeto é a deteção de enganos nas áreas onde existem preocupações de segurança e nos processos de recrutamento. Além disso, este projeto pretende melhorar as nossas capacidades de programação e de processamento de imagens. Está a dar-nos a oportunidade de compreender o comportamento e os sentimentos humanos. Acima de tudo, está de acordo com as nossas aptidões, pelo que esperamos gostar de trabalhar nele.

1.5 PROVA DE CONCEITO:

Existem já teorias comprovadas de psicólogos de renome a este respeito:

DePaulo & Morris:

Indicam que os mentirosos parecem invulgarmente imóveis e estabelecem menos contacto visual com os ouvintes.

Paul Ekman:

O seu estudo salienta o facto de as microexpressões, que duram menos de um quinto de segundo, poderem transmitir emoções que alguém quer esconder, como a raiva, a culpa, a vergonha, a felicidade, o desprezo, o orgulho e o medo.

Também recentemente um cientista holandês processou um vídeo de uma entrevista de Lance Armstrong, prevendo quando ele estava a dizer a verdade e quando estava a mentir, utilizando gestos faciais e posturas corporais.

Assim, os trabalhos já realizados neste domínio tornam a sua viabilidade bastante evidente.

1.6 DECLARAÇÃO DO PROBLEMA

Detetar o engano de uma pessoa que está a ser entrevistada, analisando os seus gestos e posturas da parte superior do corpo, utilizando a visão por computador e o processamento de imagens.

1.6.1 Solução proposta

Um sistema automatizado baseado no reconhecimento de caraterísticas e na identificação de expressões faciais de uma pessoa que está a ser entrevistada. Este sistema terá um questionário pré-definido para interrogar uma pessoa de tal forma que, em primeiro lugar, estabelece uma linha de base (captando as suas respostas) colocando um indivíduo em situações diferentes e, em seguida, compara a sua resposta na situação original com a resposta já captada. Se houver alguma anomalia, o sistema detectará o engano.

1.6.2 Produto final

O produto final será um sistema de teste que investiga o entrevistado através de várias perguntas e indica se ele está a dizer a verdade ou não.

1.6.3 Urgência na resolução do problema

Com o aumento do número de atentados suicidas e de assassinatos por encomenda no nosso país, precisamos de ter um melhor sistema de segurança nos postos de controlo e nos pontos de rastreio de segurança nos aeroportos e estações de comboios/autocarros para evitar a morte de inocentes.

As pessoas escolhidas para realizar estes ataques não são enganadores treinados. São homens leigos a quem foi feita uma lavagem cerebral que os torna dispostos a matar e a serem mortos. Por isso, se for construído um sistema de deteção de enganos baseado em expressões faciais, este detectará facilmente estes homens (como não estão treinados, podem divulgar informações sem o saberem). Desta forma, poderemos salvar milhões de vidas valiosas.

Por isso, é urgente resolver este problema, uma vez que estão em causa vidas de pessoas.

Capítulo 2

2.0 REVISÃO DA LITERATURA

As pessoas não são boas a detetar o mentiroso e mesmo aqueles que têm muita experiência e formação neste campo, como os funcionários aduaneiros e os polícias, não são muito melhores do que o resto de nós e, quanto melhor pensam que são, pior são na realidade. Mesmo os jogadores de póquer bem sucedidos são melhores a mentir do que a detetar mentiras nos seus adversários e, para isso, fazem listas detalhadas dos hábitos de cada jogador individual, o que sugere que há poucas generalizações válidas a fazer. Além disso, as pessoas não podem ser treinadas para detetar mentiras. [1]

Os testes de deteção baseiam-se no facto de que, quando as pessoas mentem, ficam emocionalmente excitadas, o que provoca várias alterações no corpo, tais como uma redução da salivação, um pulso rápido, uma respiração irregular e um aumento da transpiração nas palmas das mãos e nas plantas dos pés. Na antiguidade, a falsidade era detectada principalmente pelo seu efeito de secar a boca: pedia-se a um beduíno acusado que lambesse uma barra de ferro em brasa e, se a sua boca estivesse seca devido a uma consciência culpada, a sua língua era queimada e ele era então condenado; qualquer vítima que conseguisse manter um bom fluxo de saliva por qualquer razão era menos afetada e era absolvida. Na Inquisição espanhola, o acusado era obrigado a engolir pão e queijo, e aqueles em que o bolo alimentar ficasse preso no esófago eram considerados culpados[1].

O estudo científico da expressão facial das emoções começou com a obra de Charles Darwin, The Expression of Emotions in Man and Animals, publicada pela primeira vez em 1872. Darwin sugeriu que os músculos que são difíceis de ativar voluntariamente podem escapar aos esforços para inibir ou mascarar a expressão, revelando os verdadeiros sentimentos. Ele escreveu: Algumas acções normalmente associadas por hábito a certos estados de espírito podem ser parcialmente reprimidas pela vontade e, nesse caso, os músculos que estão menos sob o controlo separado da vontade são os mais susceptíveis de atuar, provocando movimentos que reconhecemos como expressivos.

A mesma ideia em palavras um pouco diferentes: "Um homem quando moderadamente zangado, ou mesmo quando enfurecido, pode comandar os movimentos do seu corpo, mas ... os músculos do rosto que são menos obedientes à vontade, por vezes, só por si, revelam uma emoção ligeira e passageira".

Embora correto quanto à fuga no rosto, Darwin não notou a existência de deslizes gestuais (Ekman 1985, 2009), que deixam escapar sentimentos e intenções ocultos, e outras formas de movimento corporal que podem trair uma mentira. A concetualização do papel da emoção na perpetração e traição de uma mentira não era claramente de grande interesse para Darwin, sendo um dos poucos tópicos que ele deixou para outros estudarem[14].

Haggard e Isaacs foram os primeiros a descrever as microexpressões (denominando-as microexpressões momentâneas"), no seu estudo de entrevistas psicoterapêuticas. Explicaram o aparecimento das microexpressões como o resultado de uma repressão em que o paciente não sabia o que estava a sentir. Haggard e Isaacs também sugeriram que os micros não podiam ser reconhecidos em tempo real.

Estas expressões faciais breves e involuntárias que se manifestam no rosto humano em função das emoções vividas são designadas por microexpressão por Paul Ekman. Ele é o homem mais importante neste domínio. Ekman acredita que as expressões faciais são universais e não culturalmente determinadas. Desenvolveu sistemas como o Facial Action Coding System (FACS) e o Emotion Facial Action Coding System (EMFACS).

Paul Ekman é uma autoridade bem conhecida sobre o engano, a mentira e o papel do rosto no engano. Ele salienta que o engano abrange uma série de cenários diferentes. Para o rosto, essas técnicas incluem:

Mascarar ou ocultar uma expressão com outro comportamento

- Supressão de uma expressão que surge espontaneamente
- Fingir uma expressão que não é genuína.

Paul Ekman e Friesen, alguns anos mais tarde, mostraram que, com treino, qualquer pessoa podia aprender a ver micros em tempo real. Ekman & Friesen também alargaram a explicação da razão pela qual as microexpressões ocorrem. As microexpressões ocorrem quando as pessoas tentam deliberadamente esconder os seus sentimentos dos outros, bem como quando escondem os seus sentimentos de si próprias através da repressão. É importante notar que têm o mesmo aspeto; não se pode dizer, pela própria microexpressão, se é o produto da supressão ou da repressão. [15]

Uma capacidade mais específica, a deteção do engano, também varia entre indivíduos e parece basear-se numa capacidade mais amplamente aplicável - ser capaz de detetar pequenas alterações extremamente rápidas na expressão facial (Frank e Ekman, 1997). Também o contexto cultural desempenha um papel importante na atribuição de traços de personalidade a determinadas expressões faciais [5]. Os comportamentos associados à incerteza e ao evitamento também têm sido associados ao engano. Estes comportamentos incluem a falta de memória, a falta de pormenores e a falta de cooperação [11]. As crenças que uma pessoa tem, independentemente de serem corretas ou não, reflectem-se frequentemente na sua disposição comportamental (Eichenbaum e Bodkin, 2000). É por isso que é importante estudar as crenças das pessoas sobre o engano. [7]

De acordo com DePaulo (1992), embora o engano possa ser adaptativo, as pessoas não estão a tentar fazer-se passar por algo que não são. Em vez disso, as pessoas tentam tipicamente aumentar a exatidão das qualidades que já exibem (DePaulo, 1992; Schmidt et al., 2000). No caso das expressões faciais positivas, em particular, poder-se-ia propor que as pessoas estão a tentar parecer mais altruístas (Brown e Moore, 2000).

Apenas alguns comportamentos foram consistentemente considerados como indicativos de engano, e nenhuma pista de engano funciona sempre (DePaulo et al., 2003; Vrij, 2000a). As pistas não-verbais de engano que são bastante fiáveis, no entanto, são o facto de os mentirosos moverem os braços, as mãos e os pés menos do que os ditos verdadeiros (Sporer & Schwandt, 2002; Vrij, 2000a) e de os mentirosos fazerem menos gestos para ilustrar o seu discurso (DePaulo et al., 2003). Para além disso, os mentirosos tendem a falar num tom mais agudo do que os verdadeiros (DePaulo et al., 2003; Vrij, 2000a). [6]

Bond e Fahey (1987) mostraram como os narradores da verdade nervosos podem apresentar os mesmos comportamentos nervosos que os mentirosos. O medo de não acreditarem em si (contadores da verdade) e o medo de serem apanhados (mentirosos) produzirão os mesmos comportamentos, nomeadamente sinais de nervosismo. Ser capaz de se controlar durante meio minuto de interrogatório pode ser uma tarefa viável, mas quando se é colocado numa situação de interrogatório mais longa, a supressão de sinais de engano deve ser uma tarefa mais difícil (DePaulo et al., 2003). Ou seja, à medida que a duração dos interrogatórios aumenta, as pistas de engano tornar-se-ão mais evidentes. [6]

As 7 emoções universais sugeridas por Darwin são

1. Nojo
2. Raiva
3. Medo
4. Tristeza
5. Felicidade
6. Surpresa
7. Desprezo

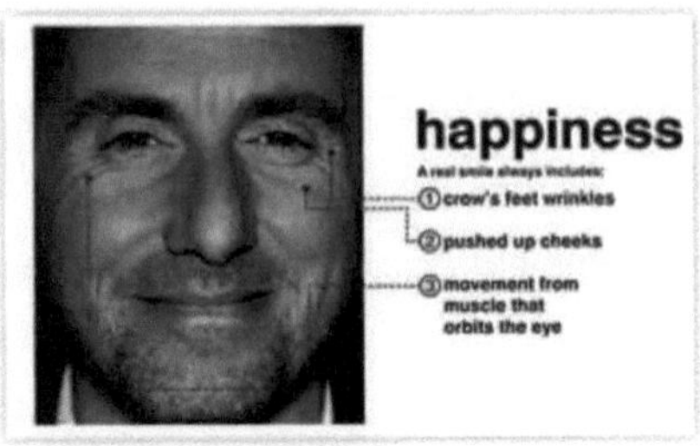
happiness
A real smile always includes:
① crow's feet wrinkles
② pushed up cheeks
③ movement from muscle that orbits the eye

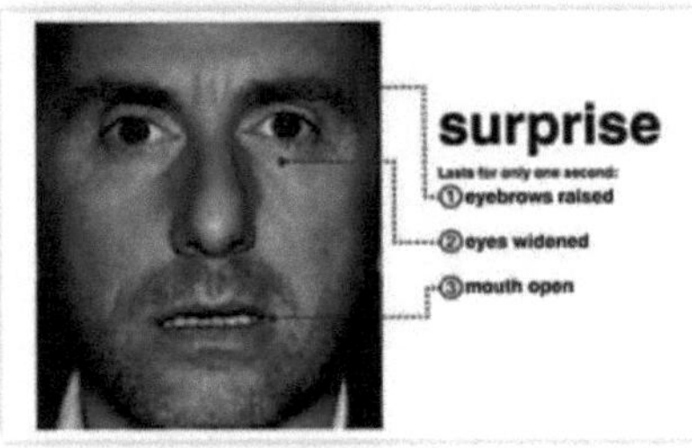
surprise
Lasts for only one second:
① eyebrows raised
② eyes widened
③ mouth open

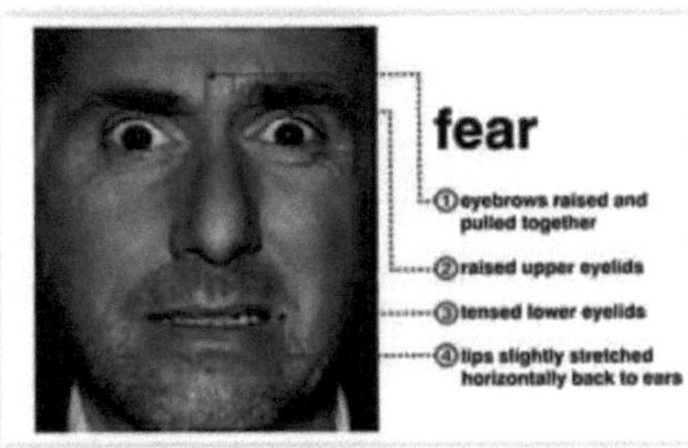
fear
① eyebrows raised and pulled together
② raised upper eyelids
③ tensed lower eyelids
④ lips slightly stretched horizontally back to ears

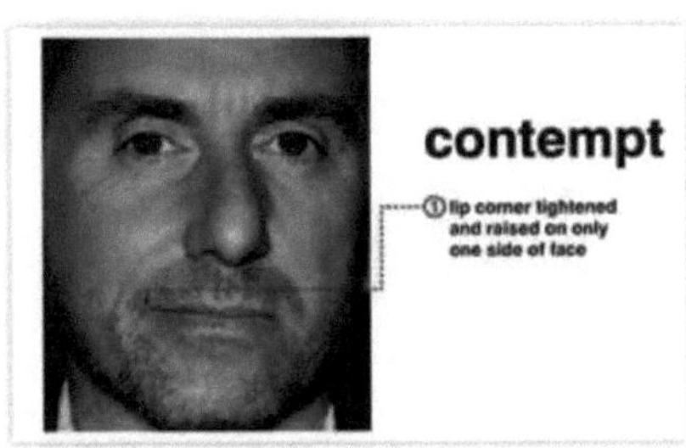
contempt
① lip corner tightened and raised on only one side of face

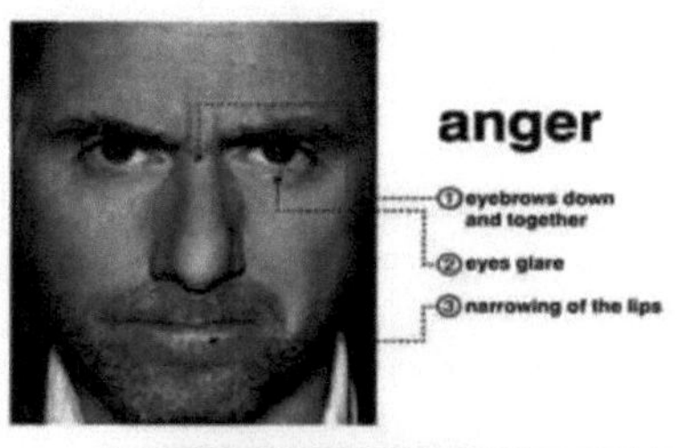

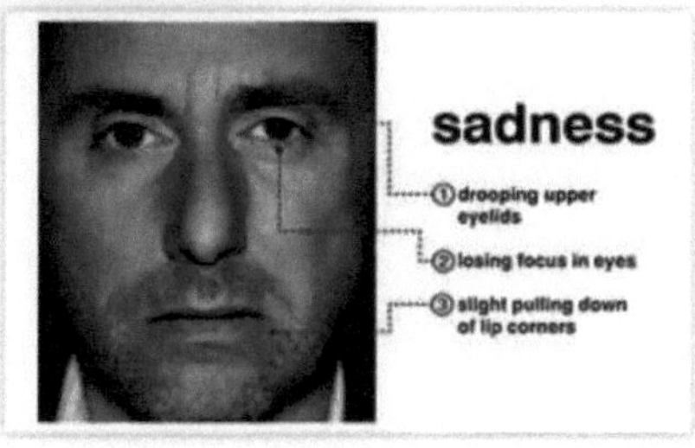

[14]

Figura 2: Expressões faciais universais

Enquanto Ekman alargou esta lista com as seguintes expressões:

1. Diversão
2. Embaraço
3. Entusiasmo
4. Culpa
5. Orgulho
6. Alívio
7. Satisfação
8. Prazer
9. Vergonha

Quadro 1: Quadro das 7 emoções e respectivas UAs

Emoções	Unidades de ação
Surpresa	Elevação interior + exterior da sobrancelha + ligeira elevação da pálpebra superior + queda do maxilar
Raiva	Sobrancelha inferior + elevação da pálpebra superior + pálpebra apertada + lábio apertado

Desprezo	Puxador de canto de lábio mais ligeiro + covinha mais ligeira
Nojo	Rugas no nariz + depressão do canto dos lábios + depressão do lábio inferior
Medo	Elevação interior + exterior da sobrancelha + elevação da pálpebra superior
Felicidade	Levantar as bochechas + puxar o canto dos lábios
Tristeza	Levantar e baixar a sobrancelha interior Canto da sobrancelha + canto do lábio Depressão

[9]

Só nas mentiras de alto risco é que as emoções relacionadas com o facto de contar a mentira (medo, culpa, excitação e prazer de enganar) podem ser despertadas e trair a mentira. Esta fuga é o resultado de uma elevada carga emocional e cognitiva. Estas emoções também perturbam o processamento cognitivo do mentiroso e resultam em relatos evasivos, implausíveis e tropeçantes. [2]

PaR ANDERS GRANHAG é Professor Associado no

Departamento de Psicologia da Universidade de Goteborg. Publicou extensivamente no domínio da psicologia jurídica e criminológica, em especial sobre o engano e o depoimento de testemunhas oculares, e realiza acções de formação de agentes da autoridade.

LEIF A. STRoMWALL é investigador no Departamento de Psicologia da Universidade de Goteborg e publicou vários estudos, principalmente sobre a deteção de enganos.

No seu livro "The Detection of Deception in Forensic Contexts" (A deteção do engano em contextos forenses), descreveram os seguintes indícios de engano:

As pistas subjectivas não verbais mais comuns para o engano (leigos) [8]

- Mais aversivo ao olhar
- Mudar de posição com mais frequência
- Criar mais ilustradores
- Fazer mais auto-manipulações
- Fazer mais movimentos de braços/mãos, pernas/pés
- Piscar os olhos com mais frequência

- Ter uma voz mais aguda
- Aumentar as perturbações da fala
- Ter um ritmo de fala mais lento
- Ter um período de latência mais longo
- Fazer mais e mais pausas longas

As crenças subjectivas mais comuns, tal como expressas pelos profissionais: [8]

- Fazer mais movimentos de cabeça/acenos
- A fala é menos fluente
- Mais inquietação
- Os mentirosos são menos consistentes
- As histórias de mentirosos são menos plausíveis
- As mentiras contêm menos pormenores
- Fazer mais movimentos corporais
- Mais aversivo ao olhar
- Mudar de posição com mais frequência
- Fazer mais auto-manipulações
- Fazer mais movimentos de braços/mãos, pernas/pés

Não há um comportamento específico do rosto que possa dizer que "estou a mentir". Em vez disso, a pessoa que quer ser um bom detetor de mentiras deve procurar as pistas do engano e juntá-las a muitos outros factos para formar uma análise objetiva. Esta análise é muitas vezes difícil de efetuar em tempo real, porque os comportamentos são difíceis de ver e ocorrem numa sequência rápida. Podem ocorrer apenas muito brevemente ou em conjunto com outros comportamentos que os obscurecem.

Os conhecimentos psicológicos sobre os significados das verbalizações, a sua relação com a personalidade, as circunstâncias, a história contada e, em particular, os conflitos, também são valiosos para detetar o engano. Apanhar um mentiroso requer muito processamento cognitivo, e aumentam-se as hipóteses de sucesso se os comportamentos da pessoa puderem ser vistos repetidamente em câmara lenta.

O detetor de mentiras tradicional ou Poligrafo é amplamente utilizado nos círculos policiais e nas agências de informação para ajudar no interrogatório de suspeitos. No entanto, não detecta mentiras, mas, na melhor das hipóteses, indica apenas se a pessoa fica fisiologicamente excitada, algo que pode ou não estar relacionado com uma tentativa de enganar. Desde há muito que se instalou uma controvérsia sobre a utilidade do polígrafo, com um pólo de opinião entre os psicólogos, segundo o qual os seus praticantes não passam de charlatães, e o outro pólo, maioritariamente defendido por pessoas com interesses financeiros ou que têm uma reputação a proteger, segundo o qual um bom analista de polígrafo consegue sempre descobrir o mentiroso. Este debate tem aspectos práticos importantes porque, por exemplo, espiões infames do FBI, da CIA e de outras agências governamentais tiveram carreiras bem-sucedidas e duradouras que causaram danos inestimáveis à segurança dos Estados Unidos, apesar da utilização do polígrafo. É seguro dizer que, embora o polígrafo seja fácil de vencer, o governo está a investir fortemente numa tecnologia de deteção relativamente barata e "testada". [3]

A investigação demonstrou que, ao contrário dos testes poligráficos, a deteção do engano através de gestos será mais flexível, uma vez que não é necessário colocar sensores no corpo ou qualquer outro equipamento. Também não é necessária a cooperação do sujeito. Os seres humanos podem não ser capazes de detetar estas microexpressões que permitem detetar o engano, mas os computadores podem fazê-lo devido à sua rápida velocidade de processamento. Os investigadores afirmaram que uma pessoa apresenta um comportamento atípico durante a mentira, ou seja, para manter a sua credibilidade, os enganadores suprimem frequentemente os gestos normais que acompanham a interação e parecem demasiado controlados. Existem outras técnicas que são utilizadas para este fim: CBCA, RM, que se baseiam no conteúdo das entrevistas, pelo que requerem entrevistadores altamente treinados e analistas altamente qualificados e não podem dar resultados rápidos ou em tempo real. Assim, a análise da literatura mostra que é possível construir um sistema automatizado baseado em gestos faciais, que será mais robusto e fiável do que as técnicas já utilizadas para a deteção de enganos.

Capítulo 3

3.0 METODOLOGIA

3.1 FERRAMENTAS UTILIZADAS

Visual Studio

Webcam A4-tech PK33E

3.2 API'S UTILIZADAS

OpenCV

Marca da terra

3.3 LÍNGUA UTILIZADA

Linguagem C/C++

3.4 OBJECTIVO PRINCIPAL

O principal objetivo deste projeto é desenvolver um programa de software que detecte os indicadores de mentira dados pela expressão facial de uma pessoa e nos dê a probabilidade de mentir em toda essa sessão.

3.5 FASE DE INVESTIGAÇÃO E EXPERIMENTAÇÃO

3.5.1 Processo:

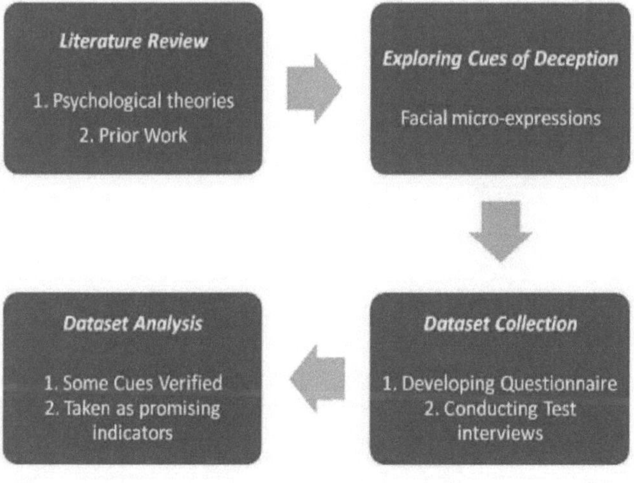

3.5.2 Experimentação

Nesta fase, realizámos uma série de entrevistas a diferentes pessoas, a fim de registar as respostas e verificar quais os indicadores de mentira que são significativos. Os indicadores considerados foram o movimento dos olhos, o franzir dos lábios, o prazer de enganar, o encolher da boca e o levantar das sobrancelhas. Agora temos de identificar qual o indicador mais eficaz e útil na deteção de mentiras.

A primeira experiência para a verificação de alguns indicadores de engano que envolviam principalmente movimentos oculares foi realizada pelos membros da equipa de um projeto de design sénior "Deteção de mentiras a partir de uma sequência de vídeo". Os voluntários escolhidos para a experiência receberam instruções para dar duas entrevistas, uma a uma. Numa das entrevistas, tinham de enganar o entrevistador mentindo e, na outra, tinham de dizer a verdade. Mas, em ambas as entrevistas, tinham de convencer o entrevistador de que estavam a dizer a verdade, uma vez que o entrevistador desconhecia completamente a condição (verdade ou engano). O cenário da experiência foi concebido de forma a aumentar ligeiramente a fasquia dos voluntários submetidos à experiência, uma vez que lhes foi atribuída a tarefa de enganar o entrevistador até ao limite das suas capacidades.

Os investigadores quiseram descobrir o significado da teoria da PNL (Programação Neuro-Linguística) também com a ajuda desta experiência.

Materiais:

Participantes:

Tamanho da amostra: 6

Sexo: Masculino

Ocupação: Estudante (nível de licenciatura)

Grupo etário: 21-23

Os participantes participaram na experiência de forma voluntária. Não foram remunerados.

Um dos sujeitos era canhoto, os outros eram destros.

Entrevistadores:

Os investigadores foram os entrevistadores.

Número de investigadores: 3

Sr. #	Nomes dos entrevistadores
1	Zuha Mujahid

2	Nida Usmani
3	Syeda Khoobru Gilani

3.5.3 Documentação:

Formulário de consentimento:

O participante assinou um formulário antes de dar a entrevista, dizendo que autoriza os entrevistadores a realizarem as entrevistas na condição de as manterem confidenciais.

"Documento de consentimento"

O inquérito está a ser realizado com o objetivo de criar um conjunto de dados para o nosso projeto de design sénior. Asseguramos-vos que:

1. As informações recolhidas durante esta entrevista não serão utilizadas para fins comerciais.

2. Se necessário, serão utilizadas imagens ou vídeos sem o áudio para efeitos de publicação. Ocultando assim as respostas dadas pelos entrevistados.

3. Os vossos nomes verdadeiros não serão usados/divulgados.

Ao assinar este documento, autoriza-nos a realizar e gravar uma entrevista consigo.

Nome do entrevistado: _______

Faixa etária: 18-25,   26-40,   41-60,   60+

Entrevistador(es):

Nida Usmani

Zuha Mujahid

Syeda Khoobru Gilani

Currículo:

Foi pedido aos participantes que enviassem os seus currículos um dia antes das entrevistas, para que os entrevistadores pudessem analisá-los e elaborar o questionário em conformidade.

Questionário:

- Número de perguntas : 22
- Tempo da sessão: 7-8 minutos
- Natureza das perguntas: Informações pessoais, rotina da vida quotidiana, relacionadas com

currículos (Projeto & Estágios)

Lista de controlo:

Os entrevistadores prepararam uma lista de controlo antes de realizarem as entrevistas, que continha todas as perguntas do questionário. Depois, tinham de analisar as sessões em busca de indicadores de engano e assinalá-los na lista de controlo.

Aquisição de dados:

Para obter dados:

Hardware utilizado:

- Máquinas (computadores portáteis)
- Câmara portátil (A4-tech PK33E CAM)
- Papel quadriculado (para tornar o rosto mais visível para detetar expressões)

Quarto:

O inquérito foi efectuado numa sala de aula da Universidade.

Método:

O método para realizar a experiência foi o seguinte: o entrevistador fez perguntas numa sala onde só estavam presentes o participante e o entrevistador. A entrevista foi gravada para ser analisada posteriormente.

Havia duas condições:

1. **Condição de verdade:** quando o sujeito/participante tem de dar a informação correta.

2. **Condição de engano:** quando o sujeito podia enganar o entrevistador dando informações incorrectas, ou seja, era-lhe pedido que mentisse de tal forma que a sua mentira parecesse verdadeira ao entrevistador.

Papel dos investigadores:

Um dos investigadores era um árbitro; os outros realizavam entrevistas para determinar a condição de verdade e de engano.

Papel de um árbitro:

- Explicar ao participante o objetivo da experiência.
- Informar o participante sobre a condição da entrevista. Isto ajudou a manter os entrevistadores alheios à condição.

Papel do entrevistador:

- Fazer perguntas, seguindo a sequência do questionário
- Analisar a sessão
- Dar um veredito com base na sua análise

Papel de um participante:

- Dar entrevistas
- Partilhar as suas informações corretas com um dos entrevistadores
- Enganar um dos entrevistadores de forma inteligente

Na segunda série de entrevistas, seguiu-se o mesmo procedimento, exceto que agora os participantes eram livres de dizer mentiras ou verdades ao entrevistador. E a verdade fundamental foi recolhida pelos participantes separadamente para efeitos de análise. Havia um total de 26 perguntas relacionadas com as suas informações pessoais, rotina de vida diária e currículos (projectos e estágios). O número de participantes foi de 13, com idades compreendidas entre os 20 e os 24 anos, todos do sexo masculino, e cada entrevista teve a duração de 3 a 9 minutos.

A última série de entrevistas centrou-se nos cenários de estudo de casos de emprego e incluiu perguntas relevantes para os currículos dos participantes. Na entrevista final, cada participante foi entrevistado apenas uma vez, tendo-lhe sido feitas 10 a 15 perguntas com base nos respectivos currículos. No total, foram entrevistados 8 participantes, com idades compreendidas entre os 20 e os 24 anos, de ambos os sexos. Cada entrevista durou cerca de 3-5 minutos.

3.5.3 RESULTADOS:

Estas são algumas das observações feitas a partir das experiências acima mencionadas:

1. Quando o sujeito tem de pensar muito para se lembrar de alguma coisa: (por exemplo, quando lhe perguntam qual é o professor preferido do liceu)

- Pressionam os lábios
- Estreitam as sobrancelhas
- Por vezes, fechar os olhos
- E, claro, olham para cima, para a direita do observador

2. Quando o sujeito não tem a certeza do que está a dizer: (por exemplo, quando lhe perguntam quem são os seus amigos no campus)

- A maior parte deles encolheu a boca

3. quando o sujeito está a tentar inventar uma história: (por exemplo, quando lhe perguntam sobre a sua fraqueza)

- Na maioria das vezes, o sujeito olha para a esquerda do observador

4. O prazer de enganar é a caraterística mais proeminente que a maioria dos sujeitos utilizou ao dar respostas erradas. (i.e. durante a mentira)

Os resultados das observações acima mencionadas efectuadas a partir das entrevistas são apresentados a seguir:

Figura 3: Indicadores de deceção captados durante as entrevistas

3.6 FASE DE DESENVOLVIMENTO E IMPLEMENTAÇÃO:

3.6.1 Algoritmo:

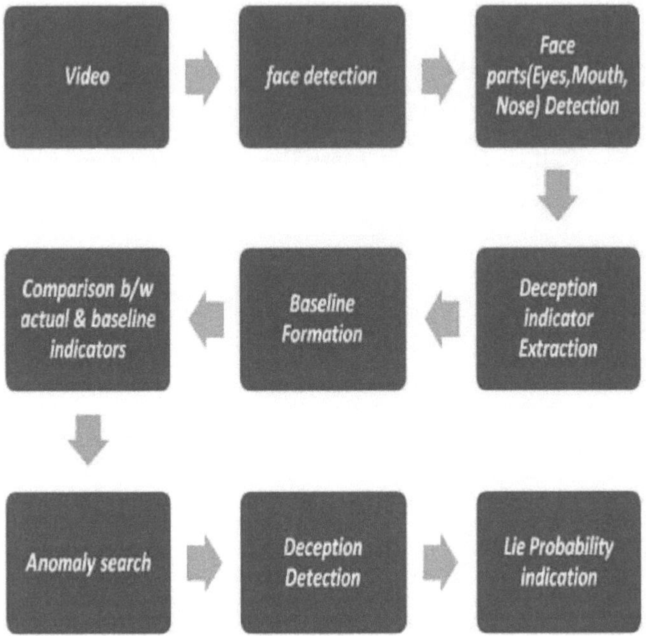

3.6.2 Deteção de faces e partes de faces:

Em comparação com qualquer outro objeto, o rosto humano apresenta mais dificuldades de deteção e seguimento devido à variedade de cores e formas. Existem muitos algoritmos diferentes que podem efetuar a deteção de rostos e cada um tem as suas vantagens e desvantagens. Alguns utilizam tons de pele, outros utilizam contornos e outros são ainda mais complexos, envolvendo modelos, redes neuronais ou filtros. Estes algoritmos sofrem do mesmo problema: são computacionalmente dispendiosos.

Para efeitos do nosso programa, utilizámos um algoritmo denominado classificador em cascata Haar, proposto por Paul Viola e Michael Jones. A base fundamental para a deteção de objectos com o classificador Haar são as caraterísticas do tipo Haar. Estas caraterísticas, em vez de utilizarem os valores de intensidade de um pixel, utilizam a variação dos valores de contraste entre grupos rectangulares adjacentes de pixels. As variações de contraste entre os grupos de pixéis são utilizadas para determinar as áreas relativamente claras e escuras. Dois ou três grupos adjacentes com uma variação de contraste relativa formam uma caraterística do tipo Haar. As caraterísticas do tipo Haar, como se mostra na figura abaixo, são utilizadas para detetar uma imagem. As caraterísticas Haar podem ser facilmente escalonadas aumentando ou diminuindo o tamanho do grupo de pixels que está a ser examinado. Isto permite que as caraterísticas sejam utilizadas para detetar objectos de vários tamanhos.

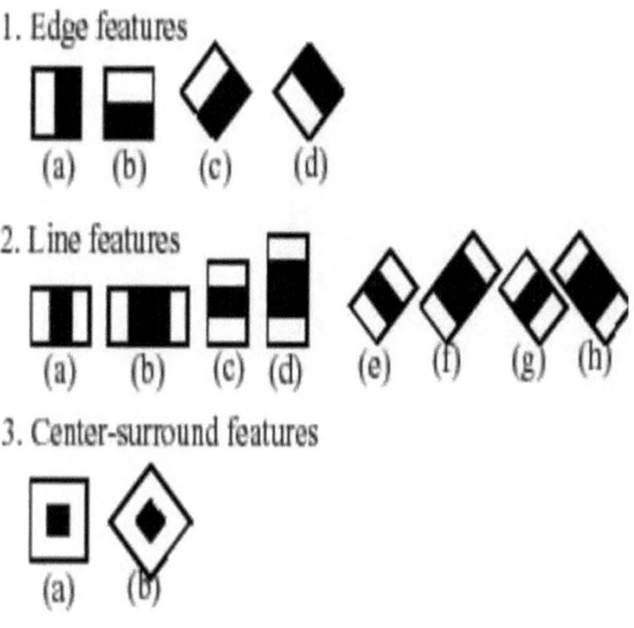

Figura 4: Caraterísticas comuns da cascata Haar

As caraterísticas Haar podem ser facilmente escalonadas aumentando ou diminuindo o tamanho do grupo de pixels que está a ser examinado. Isto permite que as caraterísticas sejam utilizadas para detetar objectos de vários tamanhos.

A deteção de caraterísticas faciais humanas, como a boca, os olhos e o nariz, exige que a cascata de classificadores Haar seja primeiro treinada. Para treinar os classificadores, este algoritmo AdaBoost suave e os algoritmos de caraterísticas Haar devem ser implementados. Felizmente, a Intel desenvolveu uma biblioteca de código aberto dedicada a facilitar a implementação de programas relacionados com a visão computacional, chamada Open Computer Vision Library (OpenCV). A biblioteca OpenCV foi concebida para ser utilizada em conjunto com aplicações relacionadas com o campo da IHC, robótica, biometria, processamento de imagens e outras áreas em que a visualização é importante e inclui uma implementação da deteção e formação do classificador Haar.

Os resultados da deteção de rostos através da cascata haar no nosso programa são apresentados abaixo:

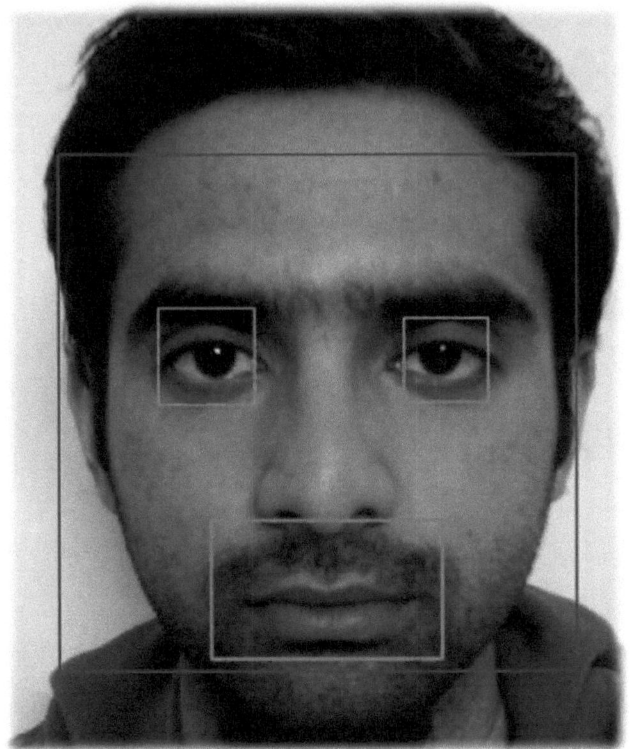

Figura 5: Deteção de faces em cascata Haar

3.6.2 Deteção de caraterísticas faciais:

Estamos a utilizar a biblioteca Flandmark no openCV para obter

- quatro cantos dos olhos
- cantos da boca
- ponto central da face

O Flandmark é uma biblioteca C de código aberto (com interface para MATLAB) que implementa um detetor de marcas faciais em imagens estáticas. A aprendizagem dos parâmetros do detetor é escrita exclusivamente em MATLAB e também faz parte do flandmark. A entrada do flandmark é uma imagem de um rosto. Detetor de rostos fornecido por cortesia da Eydea Recognition Ltd. foi utilizado para detetar faces durante a aprendizagem dos parâmetros [19]. No entanto, o pacote de software flandmark inclui uma aplicação de demonstração completa que utiliza o detetor de faces OpenCV. No entanto, requer uma caixa delimitadora da face, pelo que já utilizámos o detetor de faces

Viola Jones no OpenCV para localizar a face.

O resultado da utilização do Flandmark é apresentado a seguir:

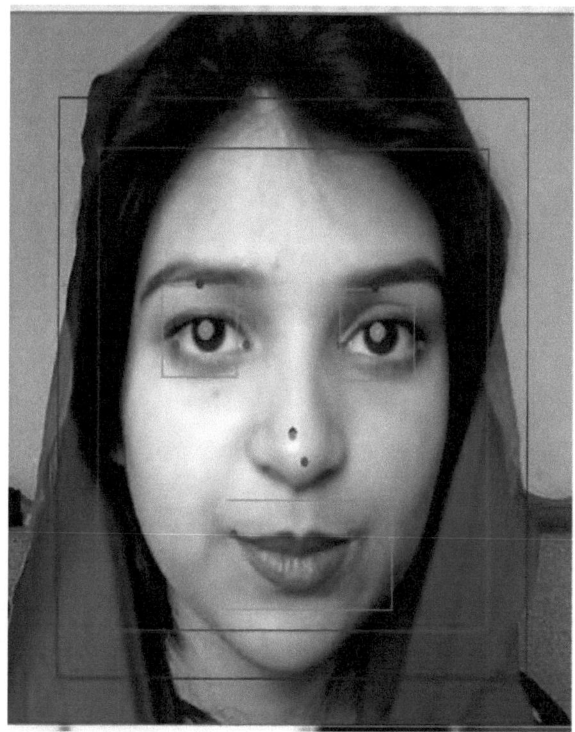

Figura 6: Pontos de caraterísticas faciais por Flandmmark

3.6.3 Indicadores de engano:

Depois de detetar as partes do rosto e os pontos de caraterísticas faciais, temos agora de detetar os indicadores de engano relevantes, ou seja

Para os olhos:

1. Movimentos do globo ocular
2. Levantar as sobrancelhas/ franzir o sobrolho

Para a boca:

1. Apalpar os lábios
2. Encolher a boca
3. Delícia de duplicação

3.7 Aplicação

3.7.1 MOVIMENTO DOS OLHOS:

Algoritmo:

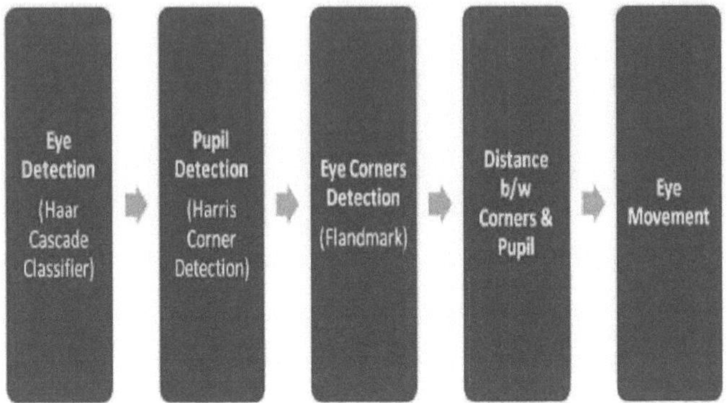

Para a deteção dos movimentos oculares, começámos por detetar os olhos utilizando o classificador em cascata Haar e, em seguida, obtivemos a posição da pupila a partir da deteção do canto de Harris. Para cada pixel (x,y), calcula uma matriz de covariância de gradiente 2x2 M(x,y) numa vizinhança de "tamanho de bloco x tamanho de bloco". Em seguida, calcula a seguinte caraterística:

$$\texttt{dst}(x, y) = \mathrm{det}M^{(x,y)} - k \cdot \left(\mathrm{tr}M^{(x,y)}\right)^2$$

Os cantos da imagem podem ser encontrados como os máximos locais deste mapa de resposta. A partir da marca da bandeira, já temos os pontos de canto, pelo que utilizamos os pontos de canto dos olhos e a localização da pupila para calcular a distância entre eles. Com base no rácio da distância entre o ponto de canto esquerdo do olho e a pupila e entre o ponto de canto direito do olho e a pupila, decidimos se o movimento do olho é para a esquerda ou para a direita.

Resultado:

Figura 7: Movimento ocular captado para a esquerda

3.7.2 LEVANTAR AS SOBRANCELHAS

Algoritmo:

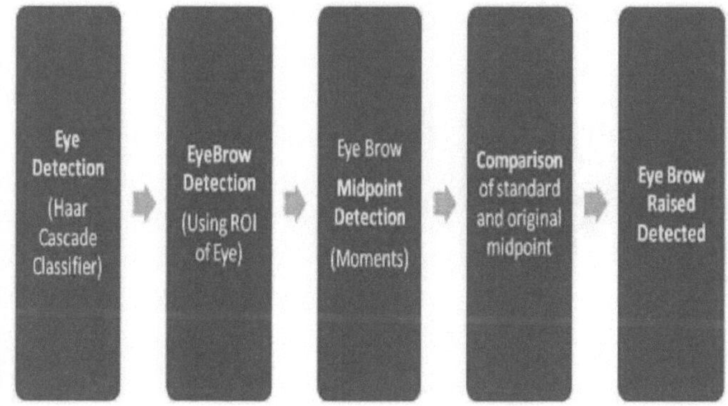

Para detetar o levantamento das sobrancelhas, começamos por detetar os olhos na ROI do rosto utilizando classificadores Haar em cascata. Em seguida, estimamos a ROI das sobrancelhas utilizando a ROI dos olhos. Para isso, movemos a região retangular da ROI para cima em metade da altura dessa região. Depois disso, encontramos os pontos médios das sobrancelhas utilizando a função cvMoments. Para tal, aplicamos a limiarização, a erosão e a dilatação para formar componentes ligados das sobrancelhas. cvMoments fornece-nos os centróides dos componentes ligados das sobrancelhas. Seguimos o movimento dos pontos centrais. Se os pontos centrais se moverem para cima no rosto, concluímos que a sobrancelha foi levantada.

Resultado:

Figura 8: Capturado o levantamento de ambas as sobrancelhas

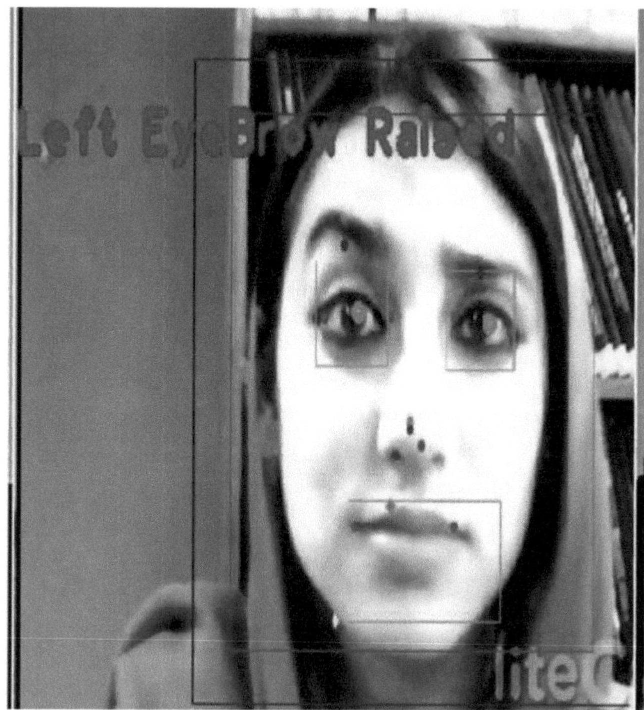

Figura 9: Captura de uma única sobrancelha levantada

3.7.3 DUPING DELIGHT

Algoritmo:

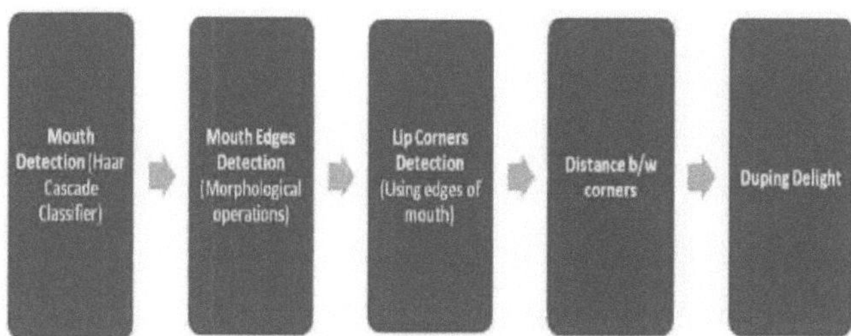

Para a deteção da delícia do duping, começamos por encontrar a região da boca no rosto utilizando novamente classificadores haar em cascata. Em seguida, encontramos os bordos da boca utilizando o operador de gradiente morfológico. Em seguida, aplicamos a limiarização para obter uma imagem monocromática dos bordos da boca. Aplicamos a erosão e a dilatação para obter bordos mais proeminentes. Em seguida, encontramos os cantos esquerdo e direito da boca, encontrando o pixel branco mais à esquerda e o mais à direita na imagem monocromática dos cantos da boca. Depois de encontrar estes dois cantos, determinamos a distância entre eles. Se a distância entre eles aumentar numa determinada proporção durante um determinado período de tempo, dizemos que a pessoa está a mostrar prazer em enganar.

Resultado

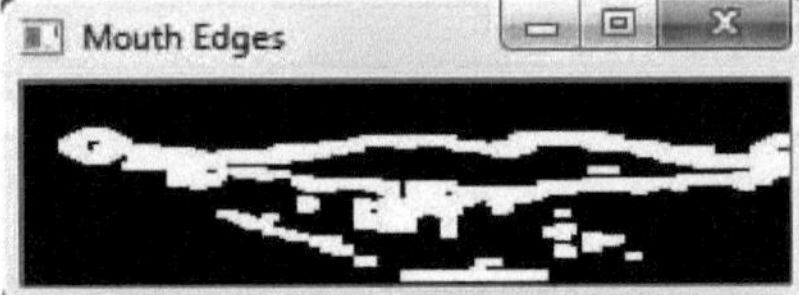

Figura 10: Bordos da boca

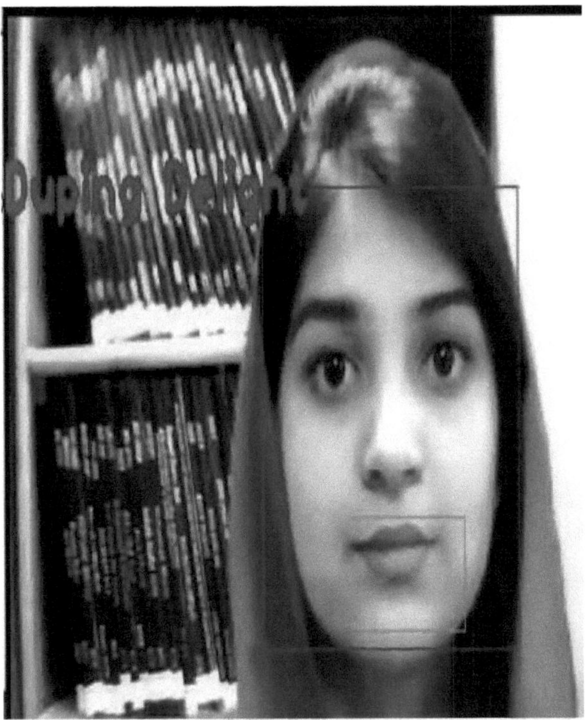

Figura 11: Delícia de duplicação capturada

3.7.4 BOCAL

Algoritmo:

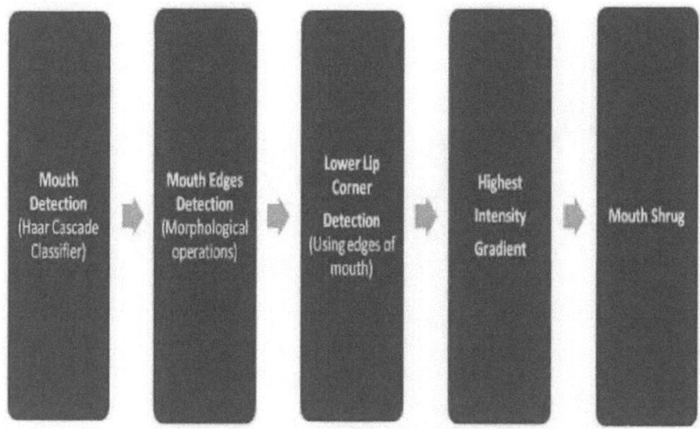

Para a deteção do encolher de ombros da boca, utilizamos a mesma imagem monocromática dos bordos da boca que foi utilizada para a deteção do prazer de enganar. Desta vez, procuramos o canto inferior da boca. Para isso, detectamos o pixel branco mais baixo na imagem monocromática dos bordos da boca. Procuramos também o ponto de gradiente de maior intensidade. Quando os dois pontos se sobrepõem na mesma ROI, dizemos que ocorreu um encolher de ombros da boca.

Resultado

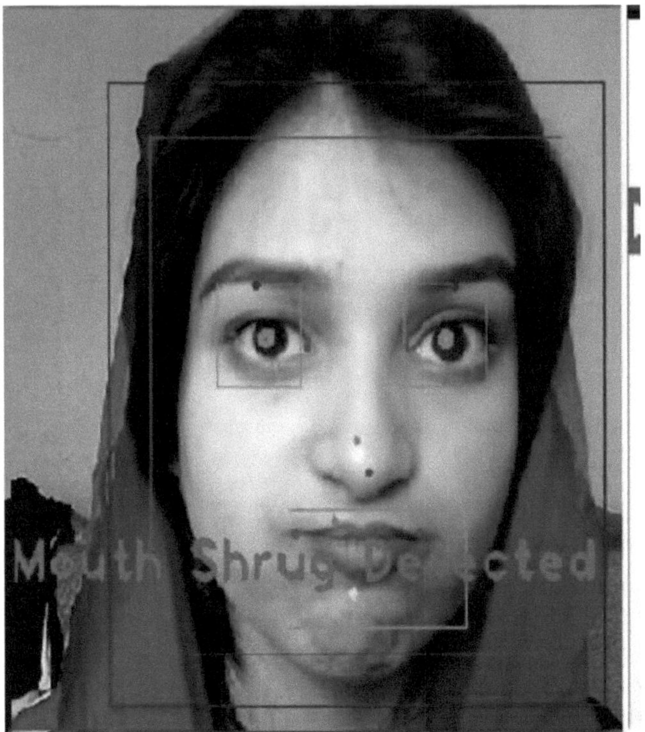

Figura 12: Encolhimento da boca capturado

3.7.5 LIMPEZA DOS LÁBIOS

Algoritmo:

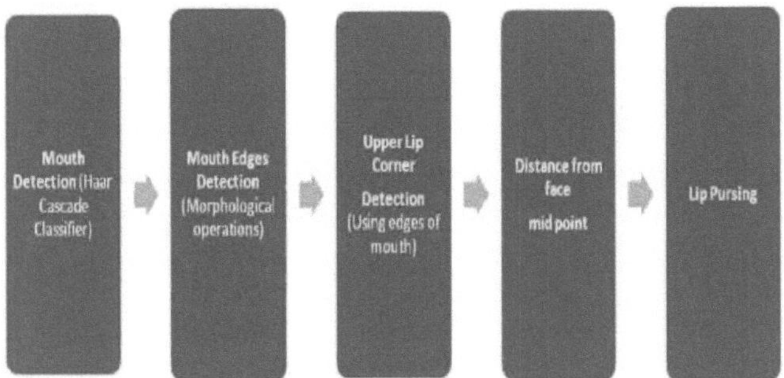

Para detetar o franzir dos lábios, utilizamos a mesma imagem monocromática dos bordos da boca utilizada nos dois passos anteriores. Desta vez, encontramos o canto superior da boca encontrando o pixel branco mais alto nessa imagem monocromática. A biblioteca Flandmark fornece-nos o ponto central do rosto. Calculamos a distância entre o canto superior da boca e o ponto médio do rosto.

Quando essa distância é superior a um determinado rácio, dizemos que ocorreu um contração dos lábios.

Resultado

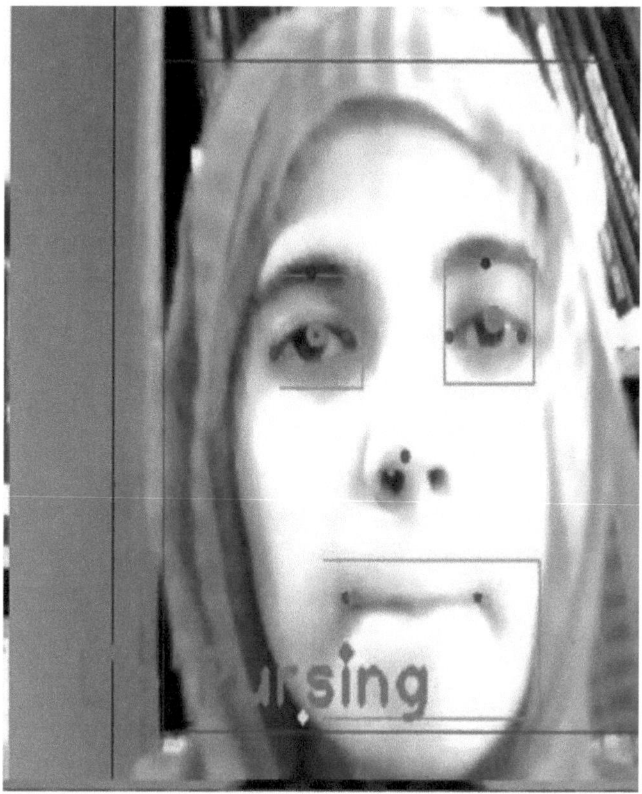

Figura 13: Lip pursing capturado

3.7.6 PESOS ATRIBUÍDOS:

Com base na taxa de ocorrência e na exatidão dos indicadores de fraude observados na fase de investigação, atribuímos-lhes determinados pesos:

Movimento dos olhos	38%
Duping Delight	35%
Acariciar os lábios	16%
Encolher a boca	8%
Aumento das sobrancelhas	3%

3.7.7 Resultados:

A figura abaixo mostra os resultados da precisão da implementação da visão por computador dos indicadores de engano (Figura: 14). O conjunto de dados foi criado testando o sistema desenvolvido em 20 amostras, 10 das quais eram do sexo masculino e 10 do sexo feminino. Foi-lhes pedido que apresentassem uma vez todos os indicadores implementados. A percentagem de detecções corretas foi de aproximadamente 70%, o que mostra que o sistema é razoavelmente preciso.

Outro parâmetro que dá uma estimativa da exatidão do sistema é o valor preditivo positivo (VPP).

$$PPV = \frac{Correct\ Detections}{Correct\ Detections + False\ Positives} = \frac{73}{73+31} = 70.19\%$$

O PPV é suficientemente bom para declarar o sistema correto.

SampleSize	20
Male Subjects	10
Female Subjects	10
Age Group	19-25
Total Indicators	100
Correct Detections	73
False Positives	31
False Negatives	27
Positive Predictive Value	70.19%

Figura 14: Resultado da fase de desenvolvimento

A figura: 15 mostra a precisão dos indicadores individuais, indicando as suas detecções corretas, falsos positivos e falsos negativos. O indicador implementado com maior exatidão é o levantamento de sobrancelhas neste conjunto de dados específico.

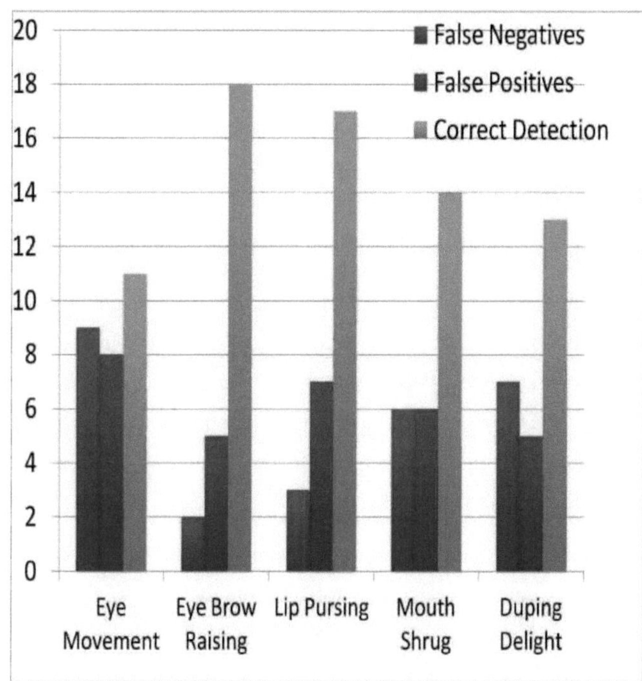

Figura 15: gráfico de barras da exatidão do indicador de deceção

Capítulo 4

4.0 CONCLUSÃO

OBSERVAÇÕES e CONCLUSÕES:

Seguem-se algumas observações que devem ser sublinhadas:

- A frequência da ocorrência de microexpressões é diretamente proporcional ao nível de risco elevado. Quando os riscos são mais elevados, há mais probabilidades de ocorrência dos indicadores de engano. Por exemplo, numa situação de entrevista de emprego, em que uma pessoa está altamente motivada, é provável que mostre mais microexpressões do que uma pessoa que se encontra numa situação de baixo risco, em que não lhe é oferecido qualquer incentivo e em que não tem medo de enfrentar qualquer penalização se for apanhada a mentir.

- Além disso, cada indivíduo tem hábitos de engano específicos, por exemplo, há pessoas que levantam mais as sobrancelhas durante o engano, enquanto outras franzem mais os lábios e vice-versa. Assim, atribuir pesos médios aos indicadores não é uma boa opção. A atribuição de pesos em tempo de execução aos indicadores com base nos hábitos de engano do indivíduo será uma boa abordagem e aumentará também a precisão do sistema.

- Há mais uma observação: os mentirosos treinados podem até controlar as microexpressões até certo ponto, se estiverem totalmente preparados para a situação em que vão ser colocados. Esta conclusão foi deduzida da experiência em que realizámos entrevistas de teste com alunos do terceiro ano e do último ano. Os alunos do último ano estavam a dar entrevistas de emprego nessa altura e estavam preparados, pelo que mostraram menos expressões do que os alunos do terceiro ano.

- As microexpressões são uma fonte fiável de engano em situações de alto risco e desconhecidas.

- A sua fiabilidade aumenta muito se forem combinados com outros indicadores de engano, como a fala, os movimentos do corpo, ou seja, posturas, gestos, etc.

Capítulo 5

5.0 RECOMENDAÇÕES

5.1 Limitações:

O nosso projeto tem algumas limitações, como a necessidade de uma iluminação uniforme adequada durante a gravação de vídeo para a deteção correta das caraterísticas faciais e o processamento dos indicadores de fraude. Além disso, deve haver menos movimentos da cabeça para que os pontos faciais não tremam. O fundo liso é uma das necessidades do nosso projeto, porque, por vezes, a cascata haar encontra e faz a cara no fundo e, depois, todo o processamento falha. Fizemos o nosso projeto utilizando o Visual Studio e o OpenCV e, durante o projeto, tivemos problemas porque a aplicação Windows Form do Visual Studio 2010 é incompatível com o OpenCV 2.3. O Windows Form é win32 enquanto o OpenCV é x64 e, por isso, não conseguiram integrar o OpenCV 2.3 e o Windows Form VS2010. O problema foi resolvido mudando todo o projeto do VS2010 para o VS2008 e o OpenCV 2.3 para o OpenCV 2.1.

O VS2008 e o OpenCV 2.1 são compatíveis e podem ser integrados.

5.2 MELHORIAS:

Algumas melhorias que podem ser feitas neste projeto são:

- A fiabilidade do projeto pode ser melhorada se forem incorporados cartazes da parte superior do corpo, por exemplo, movimentos da cabeça ou encolher de ombros.

- A velocidade de processamento pode ser melhorada substituindo o classificador Haar por técnicas eficientes de reconhecimento facial.

- A ponderação de um determinado indicador na percentagem de probabilidade de mentir deve ser atribuída no momento da execução para o indivíduo objeto de inquérito.

Referências

1. Charles V. Ford, (1996), Lies! Mentiras!!! Mentiras!!!, A Psicologia do Engano, Volume 2, Número 7 : p821

2. Clancy MArtin, (2009), The Philosophy of Deception, Oxford University Press, pg 296

3. Deceção, http://face-and- emotion.com/dataface/facets/deception.jsp

4. Deceção, http://en.wikipedia.org/wiki/Deception

5. KAREN L. SCHMIDT E JEFFREY F. COHN, (2001),Human Facial Expressions as Adaptations: Evolutionary Questions in Facial Expression Research, Departamentos de Psicologia e Antropologia, Universidade de Pittsburgh, Pittsburgh, Pensilvânia e Departamentos de Psicologia e Psiquiatria, Universidade de Pittsburgh, Pittsburgh, Pensilvânia , pg 22

6. LEIF A. STRO "MWALL, MARIA HARTWIG, & PA" R ANDERS GRANHAG, (2006), To act truthfully: Comportamento não-verbal e estratégias durante um interrogatório policial, Vol. 12(2) : 207-219

7. Leif A. Stromwall,Par Anders Granhag, (2004), The Detection of Deception in Forensic Contexts, Cambridge University Press

8. Leif A. Stromwall,Par Anders Granhag, (2004), The Detection of Deception in Forensic Contexts, Cambridge University Press

9. Meridith Levinson, Facial-expressions-test, http://www.cio.com/article/facial-expressions-test

10. Michal Uricar, Vojtech Franc e Vaclav Hlavac,(2013) DETECTOR DE LANDMARKS FACIAIS APRENDIDO PELA SVM DE RESULTADO ESTRUTURADO, Volume 359:pp 383-398,

ftp://cmp.felk.cvut.cz/pub/cmp/articles/uricar/UricarFrancH lavac-VISAPP2012.pdf

11. Matthew L. Jensen, Thomas O. Meservy, Judee K. Burgoon e Jay F. Nunamaker Jr.,(2008),Video-based Deception, Center for the Management of Information, University of Arizona, EUA.

12. Micro expressão, http://en.wikipedia.org/wiki/Microexpression

13. Micro expressões, http://www.paulekman.com/micro- expressões/

14. Paul Ekman ,As contribuições de Darwin para a nossa compreensão das expressões emocionais, http://rstb.royalsocietypublishing.org/content/364/1535/344 9.full

15. Paul Ekman, Lie to mehttp://www.paulekman.com/me- historymore/

16. Paul Ekman, Lie to me, http://www.paulekman.com/lie-to- me/

17. Phillip Ian Wilson e Dr. John Fernandez, (2006), FACIAL FEATURE DETECTION USING HAAR CLASSIFIERS,

http://nichol.as/papers/Wilson/Facial%20feature%20detecti on%20using%20Haar.pdf

18. Estudo da Mentira, (Da "Psicologia da Evolução Possível do Homem" de Ouspensky, pp. 47-48), http://www.kesdjan.com/exercises/sl.html

19. Sun Tzu, (1910), A Arte da Guerra , Capítulo Três DECEPÇÃO Toda a guerra se baseia no engano, Lionel Giles, departamento de livros impressos e manuscritos orientais do Museu Britânico.

Printed by Books on Demand GmbH, Norderstedt / Germany